おしえてガリレオ先生！

月がなくなったら南極が砂漠になるってホント？

監修
国立天文台 上席教授
渡部 潤一

つちや書店

はじめに

　理科の教科書に出てくる宇宙に関することは、なんだかとてもむずかしく感じられるかもしれません。太陽によってできる影、夜に見える星たちの動き、月の満ち欠け、季節による太陽の高さの違いなど、じつは私たちの日常生活にとっては欠かすことができない大事なことなのですが、正確に理解するのはちょっと大変だなぁ、と思っている人も多いかもしれませんね。さらに、最近では夜空を見上げても、地上の光が明るいせいでなかなか星座を眺めることすらむずかしくなっています。

　でも、ちょっと待ってください。宇宙は、教科書にのっていないようなことが次々と見つかっている、まだまだミステリアスな世界なのです。新しい発見がニュースになると、どこか耳を疑うようなことも多く、とっても興味をひかれることがありませんか？　かのガリレオ先生も、天体望遠鏡を初めて宇宙に向けたとき、ミステリアスな宇宙の姿におどろき、そして魅せられたひとりです。ガリレオのように、初めて知るおどろき

2

に満ちた宇宙の世界に触れ、ぜひ感動してほしい——そんな気持ちで本書は編まれました。

　教科書だけの世界とはまったく異なる、新たな発見が続いている宇宙の魅力の一端を、本書で知っていただきたい、そして想像力を駆使しながら、本書を片手に、（自宅からはなかなかよく見えないかもしれないですが）頭上に広がる星空を眺めてほしいと思います。宇宙という不思議な世界は、接することができない遠い場所のことではなく、とても身近にあることをぜひ感じてほしいのです。ただ見上げれば、そこに宇宙はありますから。

　宇宙に関する話題は、それこそ "星の数" ほどありますが、本書で取り上げたのは、ほんの一部にすぎません。もし興味を持ったら、さらにむずかしそうな本にも挑戦してもらえれば、これほど幸いなことはありません。

国立天文台 上席教授　渡部潤一

もくじ

はじめに 2
この本の読み方 8

天文学ってなに!?

天文学を知れば、人気者になれる!? 10
フシギコラム1 ガリレオ先生 徹底解剖! 14
地球は太陽系にある星 16
太陽系は銀河系のすみっこにある 18
銀河系はたくさんある銀河のひとつ 20
同じような銀河の集団もさらにたくさんある 21
フシギコラム2 星空の美しさにときめく 天文学ってなんだろう ... 22

宇宙のフシギ

1 はじまりは小さな火の玉!? 宇宙は大爆発からはじまった 24
2 次はなにが誕生する? 宇宙は広がり続けている 26
3 秒速30kmで広がる宇宙 宇宙のはじっこはどこ? 28
4 太陽も星もたくさんあるよね? 宇宙はどこまでもまっくら! 30
5 宇宙にも寿命がある? さいごはブシャ? バラバラ? カチカチ? ... 32
6 強力な重力でなんでも吸い込む ブラックホールはどこにある? ... 34

7 キミが操縦士でもスイスイ行ける **宇宙船は小惑星にぶつからない!?** ……… 36

8 宇宙開発に貢献する動物たち **最初の宇宙飛行士はハエだった!** ……… 38

9 宇宙探査の未来を切り開く拠点 **国際宇宙ステーション** ……… 40

10 国際宇宙ステーションにびっくり! **1日に16回も朝日が見られる** ……… 42

11 国際宇宙ステーションから空気がもれる!? **親指で宇宙飛行士たちを救った英雄** 44

12 宇宙飛行士たちの命を守る! **ロケットinロケット** ……… 46

13 100年後の地球にワープできる!? **光速に近いロケットでタイムトラベル** ……… 48

14 宇宙人からの信号を受信したら? **宇宙人との友だちルール** ……… 50

15 最後の力をふりしぼって移動!? **人工衛星は自分でお墓まで行く!** ……… 52

16 暗やみにかくれる人工衛星 **宇宙にはスパイがたくさん!** ……… 54

フシギコラム3 ドレイク方程式を使って **宇宙人が住む惑星の数を計算してみよう** ……… 56

星のフシギ

1 雲から星の赤ちゃんがオギャー **星はどうやって生まれるの?** ……… 58

2 登録された星団は7,840! **宝石箱みたいなかがやき!** ……… 60

3 365日で季節がめぐる **シリウスが暦のきっかけに!?** ……… 62

4 星座は眠気ざまし? **羊飼いたちがつないだ星々** ……… 64

5 天文学者が相談しあって決定 **夜空には88この星座がある!** ……… 66

6 遠すぎて脳の遠近感が崩壊! **星座の星の距離はみんなちがう** ……… 68

7 神さまだって失敗する!? **変身できなくて「やぎ座」記念日** ……… 70

8 「好き」だけでは残れなかった星座がある **消えたねこ座!?** ……… 72

9 太陽が12星座のじゃまをする!? **誕生日に自分の星座は見られない** ……… 74

10 人間分度器で星空観察 **星座の大きさを角度で調べよう** ……… 76

11 夜空にかがやく銀河 **天の川はなぜ夏によく見えるの?** ……… 78

12 地球から見ていちばん明るい星 **シリウスは双子だった!?** ········ 80

13 お宝が眠る灼熱の惑星 **ダイヤモンドでできた星がある** ········ 82

14 あれっ、暗くなった? **明るさが変わる星がある** ········ 84

フシギコラム4 大きいほどエネルギーを使うから **水素の量を見れば寿命がわかる!** ···· 86

太陽系のフシギ

1 まだまだナゾだらけ! **太陽系は天体が集まった小さな宇宙** ········ 88

2 水素原子がぶつかり合ってエネルギーを放出! **太陽はじつは燃えていない** ····· 90

3 水の惑星じゃなかったの!? **水星の表面はカラカラにかわいてる** ········ 92

4 昼間に楽しむ天体観測 **青空にうかぶ金星をさがそう** ········ 94

5 中心温度は5,500度! **なぜ地球の表面は熱くない?** ········ 96

6 火の星じゃなかったの!? **火星にはドライアイスの雪がふる** ········ 98

7 太陽系でいちばん大きな惑星 **木星はいつも雲でおおわれている** ········ 100

8 キラキラかがやく氷の微粒子 **土星の環がなくなる日がくる?** ········ 102

9 太陽が42年間のぼり続ける!? **天王星はナゾがいっぱい** ········ 104

10 天文学者たちの名推理で発見! **なかなか確認できなかった海王星** ········ 106

11 惑星から格下げ!? **準惑星になった冥王星** ········ 108

12 惑星になれなかった小さな天体 **小惑星は宇宙のタイムカプセル** ········ 110

13 76年ごとに「こんにちは」! **ハレー彗星は宇宙の長距離ランナー** ········ 112

14 流れ星と彗星は親子!? **彗星の砂つぶが流れ星になる** ········ 114

15 隕石の研究に貢献できる **キミも隕石ハンターになる!?** ········ 116

フシギコラム5 永久凍土で寝ていたの? **4万6,000年をタイムスリップした虫** ···· 118

地球と月のフシギ

1. 宇宙から見える地球は美しい **どうして地球は青いの？** ……………………… 120
2. 宇宙で暮らすのはとってもたいへん **人間は地球でしか生きられない!?** ……… 122
3. 宇宙の中心は地球じゃない！ **「地動説」を唱えたガリレオ** ……………………… 124
4. 生中継もバッチリ！ **はじめての月の滞在時間は2時間半** ……………………… 126
5. 「双子説」「捕獲説」もあるけれど **月は「地球のかけら説」が有効！** …………… 128
6. 月は地球の偉大な相棒 **月がなくなったら南極が砂漠になる!?** ……………… 130
7. むかしは16倍も大きく見えた！ **月は地球からどんどんはなれている** ……… 132
8. 太陽と月と地球が一直線 **月に太陽がかくれる「日食」** ……………………… 134
9. とても美しい自然現象が見られる！ **ロマンティックな「金環日食」** ……… 136
10. 不吉な前ぶれだと考えられていた？ **月が赤くなる「月食」** ………………… 138

フシギコラム6 まだまだいるよ！ **天文学の偉人たち** ………………………… 140

天文学と天気のフシギ

1. 自然現象を研究する **天文学と気象学** ……………………………………… 144
2. 天気と太陽の位置によっても色が変化 **空はどうして青いの？** …………… 146
3. 虹のはじまりはどこ？ **虹の形はまんまるだった！** …………………………… 148
4. 気象予報士も雲を観察！ **雲を見れば天気が予測できる** …………………… 150
5. 同じ形はひとつもない！ **雪の結晶はすべてが六角形** ……………………… 152
6. 夜空に現れる巨大な光のショー **オーロラの正体は？** ……………………… 154

さくいん ……………………………………………………………………………… 156

この本の読み方

宇宙や地球、太陽や月について、「へーっ」とおどろくフシギを集めたよ。

くわしい説明を読んで知識を広げよう。

もっとくわしい解説もチェックしてね。

このガリレオにまかせなさい

みんなで天文学の世界に出かけよう！

クン！

異端誓絶文：地動説をあきらめることが書かれた文章

フシギコラム 1

ガリレオ先生 徹底解剖！

ガリレオ先生の天文学における、すぐれた業績を紹介するよ。

> 私はあまりに深く星を愛しているがゆえに夜を恐れたことはない

プロフィール

- 名前 … ガリレオ・ガリレイ
- 生まれた国 … イタリア
- 生没年 … 1564年2月15日～1642年1月8日
- 亡くなった年齢 … 77歳

ガリレオ先生の功績

★ はじめて月を望遠鏡で観察

オランダのメガネ屋ハンス・リパシューが、1608年にはじめて望遠鏡を作ったことを知ったガリレオは、1609年、自分でもその望遠鏡を作ってみることにしたんだ。そして望遠鏡で月を観察したら、それまでツルツルしていると考えられていた月がじつはでこぼこしていることを発見！それをスケッチして残しているよ。

★ 天の川が星の集まりであることを発見

それまで天の川は、ガスや星雲の集まりだったり、星どうしの大気がぶつかって燃えているものと考えられていたけれど、ガリレオは、月とおなじように望遠鏡を使って、1610年に天の川を観察したとき、天の川がかすかな星の集まりであることを発見したんだ。

★ 太陽の黒点を発見

太陽の表面に黒点の存在はあまり知られていなかったけれど、ガリレオは望遠鏡を使って太陽を観察して、その表面に黒い斑点があることも見つけたんだ。それを絵に記録したことで、黒点が動いていることがわかったんだ。それまで太陽は動かないものだと思われていたから、この黒点の記録はとても重要な発見になったよ。

> このほかにも木星のまわりを4つの星がまわっていることも発見したんじゃ

地球は太陽系にある星

海王星
[かいおうせい]

太陽
[たいよう]

火星
[かせい]

天王星
[てんのうせい]

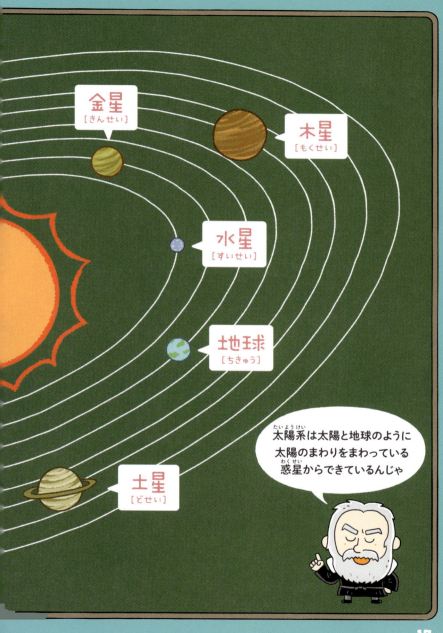

太陽系は銀河系のすみっこにある

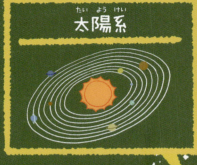
太陽系

太陽系を横から見ると
どらやきのように見える

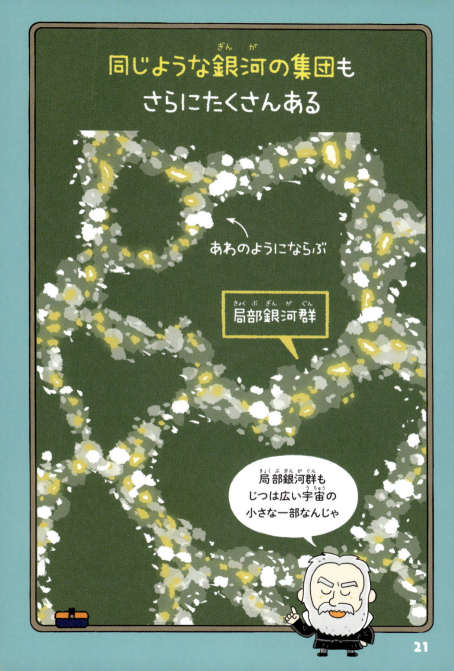

フシギコラム 2

星空の美しさにときめく
天文学ってなんだろう

天文学は宇宙にあるさまざまなものと宇宙を研究する学問で、星の動きや位置、宇宙の起源などを研究するんだ。宇宙には、まだまだわからないことがたくさんある。それらを解き明かすために、たくさんの人たちがかかわっているよ！

「天文学に関係する仕事を知りたい！」

天文学者

天体の観測と計測をくり返して、新しい現象や法則を発見する仕事。まだ解き明かされていない宇宙に関するいろいろなことを研究する人もいるよ。また、天文台などで働く人もいるんだ。

プラネタリウムの解説者

宇宙や天体の知識や楽しさをわかりやすく伝えるのが仕事だよ。ドーム型の天井に星空を映しだすプラネタリウムで、星について解説したり、天体観測会を行ったりするんだ。

天体写真家

望遠鏡を使ってさまざまな天体を撮影する天体写真家も天文学にかかわる仕事。天体写真の登場は、天文学の大きな進歩につながったんだ。

「ほかにもロケットや人工衛星の開発者など天文学に関係する仕事はたくさんあるんじゃ」

宇宙のフシギ 1

はじまりは小さな火の玉!?
宇宙は大爆発からはじまった

なにもないところから3分間で
すべての「もと」が生まれた

まっくらでなにもないところにポツンと小さな火の玉が生まれると、その熱い火の玉はあっという間に大きくふくらみ、どんどん大きくなっていったんだ。これが宇宙のはじまり（インフレーション）だよ。そして火の玉が大爆発をおこすと、宇宙はとても高温になったんだ（ビッグバン）。このビッグバンから1秒もしない間に「素粒子」というもっとも小さな物質が生まれ、そこからたった3分の間にこの素粒子がいろいろな形に変化して、すべての物質のもとになる「原子」（おもに水素）ができたんだ。

24

大爆発で高温になった宇宙が冷えるのに38万年もかかったんだって

軽すぎる!! はじまりの原子 水素

水素は地球上でもっとも軽い気体で、宇宙でもっとも多く存在する原子のひとつ。水素は色もなければ、においもないし、毒でもない物質だけど、すべての生き物が生きていくために必要な水は水素と酸素からできているんじゃ。

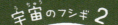

次はなにが誕生する？
宇宙は広がり続けている

宇宙のはじまり
インフレーション

宇宙の始まりから 1秒後	宇宙の始まりから 1億〜3億年後	宇宙の始まりから 3億〜10億年後
ビッグバン	**星の誕生**	**銀河の誕生**

宇宙の始まりから92億年後
太陽系の誕生

宇宙の始まりから数億〜100億年後
銀河団や超銀河団の誕生

宇宙の始まりから138億年後
現在の宇宙

宇宙のフシギ 3

秒速30kmで広がる宇宙
宇宙のはじっこはどこ？

広がり続ける宇宙には解明されていないことがたくさんあるんじゃ

宇宙の広がるスピードに観測が追いつかない！

じつは宇宙の観測はすべてのはじまりビッグバンから138億年の光がとどく範囲に限られているんだ。つまり、**宇宙のはじっこは、私たちが観測できる範囲をこえた138億年よりもはなれた場所にあるんだけど、秒速30万kmというとても速いスピードでどんどんはなれていっているから確認することができないんだ。**だから宇宙のはじっこがどうなっているのか、まだだれも知らないんだよ。

宇宙のフシギ **4**

太陽も星もたくさんあるよね？
宇宙はどこまでもまっくら！

たとえ太陽でも
宇宙を明るくすることはできない

宇宙には太陽のように自分のエネルギーで光る星々がたくさんあるのに、どこまでもまっくらなんだ！ この**宇宙の暗さは、たとえばまっくらな広い遊園地の中でろうそく3本に火をつけたくらい**のものなんだ。地球は太陽のおかげで毎日、明るいけど、これは地球と太陽の距離が近いことが理由なんだね。

たったろうそく
3本分の明るさしか
ないのね

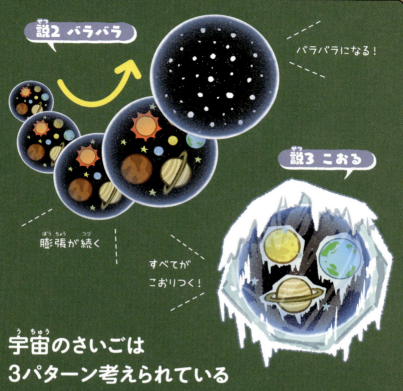

説2 バラバラ

バラバラになる！

説3 こおる

膨張が続く

すべてがこおりつく！

宇宙のさいごは 3パターン考えられている

宇宙にはじまりがあったということは、終わりもあるってことだと思わない？ 宇宙のさいごがどうなるか、考えられている説は3つあるんだ。まず、「ちぢんでつぶれてしまう説」。ふくらみ続けた宇宙が重力によってどんどんちぢみ、さいごには小さな点になってビッグバンの前の状態にもどってしまう説なんだ。次に「引きさかれてバラバラ説」。これは宇宙がどんどんふくらみ続け、ふくらみすぎた宇宙の中ですべての物質がバラバラに破裂してしまう説だよ。そして「こおってかたまる説」。太陽や星の熱エネルギーがなくなって、すべての天体がこおり、最後には宇宙全体がこおってかたまってしまう説なんだ。

33

宇宙のフシギ 6

強力な重力でなんでも吸い込む
ブラックホールはどこにある？

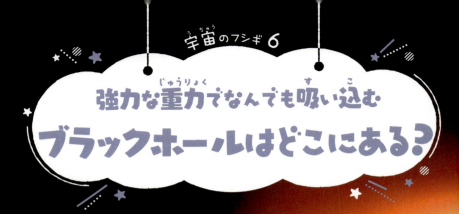

存在するはずなのに撮影できなかった危険な天体

ブラックホールはとても強い重力をもっていて、まわりにある物質を吸い込んでしまうとても危険な天体なんだ。観測できる範囲だけでも1,000億個以上もあると考えられているんだけど、ブラックホールのまわりはまっくらで、これまで撮影することはできなかったんだ。ところが、2019年、おとめ座の方向にあるブラックホールの撮影に初めて成功！ そして、2022年5月には天の川銀河の中心にある巨大ブラックホールの影の撮影にも成功!! 今後、ブラックホールの研究がぐんと進むことが期待されているんだ。

写真：EHT Collaboration

キミが操縦士でもスイスイ行ける宇宙船は小惑星にぶつからない!?

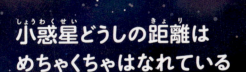

小惑星どうしの距離はめちゃくちゃはなれている

アニメや映画で、宇宙船が小惑星をギリギリよけながら飛んでいるのを見たことがあるよね？ でも、たとえ何百万の小惑星が集まっているところでも、宇宙船はぶつからないでスイスイ飛ぶことができるんだ。なぜって、じつは小惑星どうしの距離は100万〜200万kmもはなれているから！ 地球と月の距離は約38万kmだから小惑星どうしの距離がかなりはなれていることがわかるね？

宇宙のフシギ 8

宇宙開発に貢献する動物たち
最初の宇宙飛行士はハエだった！

1947年 2月20日／アメリカ

コバエ

はじめて地球軌道をまわった動物

1957年 11月3日／ロシア(ソ連)

イヌ
（ライカ）

1949年 6月14日／アメリカ

はじめて宇宙に行ったほ乳類

アカゲザル
（アルバート2世）

1959年 5月28日／アメリカ

アカゲザル
（エーブル）

ほかにも
ハツカネズミやウサギなど
いろいろな動物が宇宙へ
行っているんじゃ

コバエが宇宙に行った14年後に人類初の宇宙飛行が成功

はじめて宇宙船で地球のまわりを3周したことで知られる犬の「ライカ」は有名だけど、ライカが宇宙に行く10年前の1947年に宇宙旅行をした生き物がいたんだ。それは、アメリカから打ち上げられたロケットに乗せられた**コバエ**。その後は**アカゲザルの「アルバート2世」**、**犬の「ライカ」**と続くんだけど、残念なことにみんな地球に生きて帰ってくることはできなかったんだ。1960年、地球軌道をまわってはじめて生きて帰ってきたのは犬の「ベルカ」と「ストレルカ」。そしてその翌年、ようやく人類初の宇宙飛行士が実現したんだ。

地球軌道をまわりはじめて生きて帰ってきた
1960年 8月19日/ソ連
イヌ
（ベルカとストレルカ）

人類初の宇宙飛行士
1961年 4月12日/ソ連
ヒト
（ガガーリン）

リスザル
（ベーカー）

宇宙開発が進歩を続けているのはたくさんの動物たちのおかげなんだね

39

宇宙のフシギ **9**

宇宙探査の未来を切り開く拠点
国際宇宙ステーション

宇宙で人類が活動している場所

国際宇宙ステーション（ISS）は、地球のまわりをおよそ 90 分で 1 周するんだけど、その大きさは 108.5m × 72.8m（サッカーコートくらいの広さ）、重さは約 420t もある宇宙実験施設で、**日本をふくめ 15 カ国で協力して作った、宇宙空間で人類が活動している場所**なんだ。国際宇宙ステーションでは、宇宙でメダカが卵を産む実験をして「人間が将来、宇宙で生活するための基礎データ」を集めたり、ネズミの飼育から「宇宙では骨が弱くならないのか？」実験など、これまで 1,700 以上もおこない、さまざまな技術開発が進められているよ。

宇宙のフシギ **10**

国際宇宙ステーションにびっくり！
1日に16回も朝日が見られる

国際宇宙ステーションは地球を約90分で1周する！

国際宇宙ステーション（ISS）は秒速 7.7km（時速 27,700km）というとんでもなく速いスピードで飛んでいる（ちなみにジャンボジェット機は時速約 918km）から、地球を1周するのに 90 分しかかからないんだよ。ということは、1日に地球を 16 周もしているから、なんと太陽の日の出を 16 回も見ることができるんだ。

朝日を 16 回も見ちゃうと寝る時間がわからなくなっちゃうね

びっくり!! 落ちるのが先か？ 進むのが先か？

じつは、国際宇宙ステーションは地球の重力に引っぱられて落ち続けているんだ！どうして地球にぶつからないのかというと、秒速 5m の速さで落ちているけど、秒速 7.7m の速さでまっすぐ進んでいるから。この絶妙なバランスを保つことで、無重力空間に投げだされることなく、地球のまわりを進むことができているんだ。

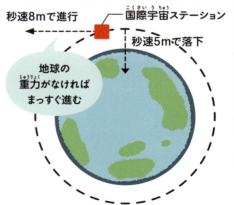

秒速8mで進行
国際宇宙ステーション
秒速5mで落下
地球の重力がなければまっすぐ進む

宇宙のフシギ 11

国際宇宙ステーションから空気がもれる!?
親指で宇宙飛行士たちを救った英雄

国際宇宙ステーションから空気がもれる緊急事態!

2018年8月28日、国際宇宙ステーションで緊急事態が発生! なんと、どこかから空気がもれていたんだ。酸素がない宇宙で、室内から空気がもれるのは大問題。乗組員たちはあわてて原因を調査したよ。すると、宇宙ステーションにつながっていたロシアの宇宙船に2mmの小さな穴があいていることがわかった。そこで、「とにかく空気もれを止めなければ!」と、宇宙飛行士のアレクサンダー・ゲルストが親指で穴をふさいだんだ!

44

どうして穴があいたの?

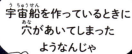
宇宙船を作っているときに穴があいてしまったようなんじゃ

親指で穴をふさぎ続けるわけにもいかないから、テープとねんどのような素材で応急処置をしたんだワン!

宇宙のフシギ 12

宇宙飛行士たちの命を守る！
ロケット in ロケット

1 発射

2 打ち上げ失敗！
小型ロケットスイッチオン

もしもの備えに脱出用小型ロケット

ロケットの中には、さらに小さいロケットがあるって知ってた？ これは、ロケットが打ち上げに失敗して燃えてしまったり、爆発してしまったときに宇宙飛行士が脱出するためのロケットで、ロケットの先端についているんだ。打ち上げ脱出システムといって、アメリカのアポロやロシアのソユーズなどのロケットにもこの脱出システムがあるよ。**もしものときは、これを使って宇宙飛行士を脱出させるんだ！**

宇宙飛行士は重力にたえられるようにロケットの中で固定されているんじゃ

発射に失敗したら自分たちで逃げることはできないからこの小さなロケットがとても大切なんじゃ

3 小型ロケット点火
本体からの引きはなしに成功

4 発射
脱出成功！

本当にあった!! もしもの話

1983年9月26日、ソビエト連邦（今のロシア）の有人宇宙船ソユーズが打ち上げ直前に燃えてしまう事故があったんだけど、この宇宙船が爆発する寸前に脱出ロケットが飛びでて、発射台からはなれたところに着地したから、宇宙飛行士は助かったんだ！ 2018年にもロシアで実際に脱出ロケットが使用されたよ。

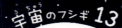

100年後の地球にワープできる!?
光速に近いロケットでタイムトラベル

14年ぶりの地球だ！
みんな元気に
してるかな？

宇宙を14年間旅行して帰ってくると
地球は100年後になっている！

1時間は60分、1分は60秒ということは、みんなもよく知っているよね。でも、「時間の進み方はいつでもどこでも同じ」ではなくて、**宇宙では「速く動くものは動いていないものよりも時間の流れがおそくなる」**という法則があるんだ。だから、これが光速に近いロケットだったら、このときの宇宙船内の時間の進み方は地球時間の7分の1になることもある。つまり旅を14年間すれば、100年後の地球に帰ってくるという計算になるんだ。

100年後の地球

おかえり
待ちくたびれたよ〜

宇宙のフシギ 14

宇宙人からの信号を受信したら？
宇宙人との友だちルール

コンニチハ
トドイテマスカ？

国際連合では宇宙人に出会った国または国連事務総長にすぐに通報しなければならないことになっているんじゃ

すぐに通報しないといけないんだね

宇宙から「こんにちは」の手紙をもらっても返事をしちゃダメ!?

広い宇宙には、おそらく地球以外にも生命が存在する惑星があると予想されているんだ。つまり、宇宙人ってわけなんだけど……。もし、宇宙人から連絡（信号）が届いたらキミはどうする？ 国際宇宙航行アカデミー地球外知的生命探査常任委員会という国際機関が、「**地球外生命体からのメッセージを受信したら、勝手に返信してはいけない**」というルールを決めているよ。宇宙人と友だちになるには、世界中で話し合ったあとに、どういう返事をするかを決める必要があるんだ。

51

宇宙のフシギ 15

最後の力をふりしぼって移動!?
人工衛星は自分でお墓まで行く!

役目が終わった人工衛星は もといた位置よりも 高い位置へ移動する

地球のまわりをまわっている人工衛星は機械だから、時間がたつと古くなって故障しやすくなり、最後は動かなくなってしまうんだ。動かなくなった人工衛星をそのままにしてしまうと、正常に動いている人工衛星にぶつかってしまう危険があるから、役目が終わった人工衛星の一部は、「墓場軌道」とよばれる、もといたコースよりも少し高い位置にある軌道に移動して、また地球のまわりをぐるぐるとまわることになっているんだ。

人工衛星
天体のまわりをまわる人工天体。地球の陸や海、雲や空のようすを観測したり、位置情報を伝える人工衛星もあるよ。

地球に近いところを
まわっている人工衛星は
大気圏に突入すると
燃えつきるんだワン

人工衛星

高度約36,000kmの
上空を周回

運用を終了した人工衛星

静止軌道からさらに
300km以上も高い軌道

静止軌道

墓場軌道

地球から3万6,000km
はなれたところをまわっている
人工衛星は墓場軌道へ
移動するんじゃ

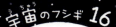

宇宙のフシギ 16

暗やみにかくれる人工衛星
宇宙にはスパイがたくさん！

スパイ？ ミッション？
ひっそり飛んでいる人工衛星

地球のまわりをたくさんの人工衛星が飛んでいるのだけど、BS放送や携帯電話の通信、天気予報、GPSなどそれぞれ目的がちがうんだ。そのなかのひとつに監視が目的の人工衛星もあるんだよ！「スパイ衛星」や「偵察衛星」ともよばれていて、軍事目的で地上のようすを観察、調査しているんだ！ それぞれの国がヒミツにしているから、くわしいことはわからないんだけどね……。

54

一般的な人工衛星は
地上から200km〜1,000kmか
3万6,000kmの位置にいるんじゃが

スパイ衛星は地上の写真を
しっかり撮るため
地上から163kmと近い位置にも
あるんじゃ

日本も
情報収集のために
打ち上げて
いるんだって

フシギコラム 3
ドレイク方程式を使って
宇宙人が住む惑星の数を計算してみよう

銀河系にはたくさんの惑星があるから、地球人のような知的生命体（宇宙人）がいるかもしれないよ。アメリカの天文学者フランク・ドレイクは、銀河系に地球と同じような文明をもった惑星の数を計算する方程式を考えたんだ。

ドレイク方程式の使い方　宇宙人が住む惑星の数 =

$$R_* \times f_p \times n_e \times f_l \times f_i \times f_c \times L$$

R_*
銀河系で1年に誕生する恒星の数。およそ10こなので、$R_*=10$

f_p
その恒星が惑星をもつ確率。仮に50%とすると、$f_p=0.5$

n_e
その恒星に生命が存在できる惑星の平均数。仮に2ことすると、$n_e=2$

f_l
惑星で生命が実際に発生する確率。仮に100%とすると、$f_l=1$

f_i
発生した生命が知的生命体のレベルまで進化する確率。仮に1%とすると、$f_i=0.01$

f_c
知的生命体が通信を行えるような文明まで発展する確率。仮に1%とすると、$f_c=0.01$

L
知的生命体が文明を維持できる年数。仮に1万年とすると、$L=10{,}000$

方程式を使って計算すると…
宇宙人が住む惑星の数は

$10 \times 0.5 \times 2 \times 1 \times 0.01 \times 0.01 \times 10{,}000 = 10$こ

みんなも計算してみよう！

星のフシギ 1

雲から星の赤ちゃんがオギャー
星はどうやって生まれるの？

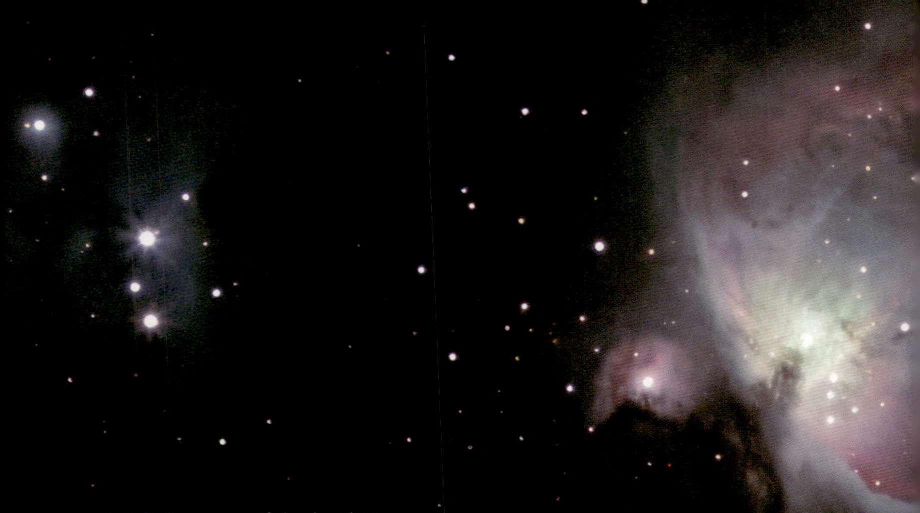

星雲から原始星が生まれる！

宇宙には、星雲といって雲のように見えるところがあるんだ。星雲は、宇宙空間にただよっているガスが、まわりの星の光に照らされているもので、濃度がこいところと、うすいところがあるんだけど、ガスのこいところがどんどん集まると、近くの星の重力によってつぶされてガスのかたまりになるんだ。このガスのかたまりの中心温度がどんどん上がると、かたまりが光るようになって、原始星が誕生するんだよ。

58

原始星の中心温度が10万度から1000万度になると太陽のように自分でかがやく恒星になるんだって！

ガスが光をさえぎって黒く見える星雲もあるんじゃ

星のフシギ 2

登録された星団は7,840!
宝石箱みたいなかがやき!

星がちりばめられた美しい星団

みなみじゅうじ座には、およそ100この星が集まる「宝石箱星団」とよばれる星の集まりがあるよ。宝石箱星団の正式名称は「NGC4755」。カッパー星という赤色巨星を中心に青白くかがやく恒星が散らばってとても美しいので、宝石箱星団なんていう別名がついたんだ。

星団
星団には宝石箱星団のように数十〜数百の星が散らばっている「散開星団」と、数万〜数百万の星が丸く集まった「球状星団」があるよ。

NGCとは
7,840の星雲星団を
登録したカタログのことで
この番号はカタログの
登録番号なんじゃ

ひろ～い!! 宇宙の話

宇宙について簡単に説明するよ。

恒星	星団	銀河	銀河団	宇宙
自分のエネルギーで光りかがやく星	恒星の集まり	星団と星雲	銀河の集まり	

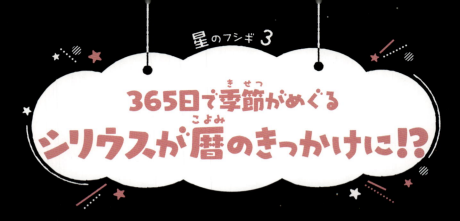

星のフシギ3
365日で季節がめぐる
シリウスが暦のきっかけに!?

東の空にシリウスが見えたら
ナイル川が氾濫する！

今から約6,000年前、アフリカ北部を流れるナイル川はいつも決まった時期に洪水を起こしていたんだけど、**エジプトの人々は洪水が起きるとき、太陽がのぼる直前の東の空にいつも明るい星が見えることに気づいたんだ！ それが太陽以外の地球から見える星のなかで、いちばん明るい星 「シリウス」**。観察を続けていると、シリウスは約365日ごとに同じ時間、同じ位置に見えることを発見！ そして1年を365日としたんだ。

シリウスの明るさは太陽の20倍もあるんだって！

発見！ 太陽が天空を1周する時間は365日

古代エジプト人はナイル川の氾濫の時期を観察して365.25日を1年とし、1年は12か月、1か月は30日で構成される暦をつくったよ。この暦は古代エジプト人の農業にとても役に立ったんだ。

星のフシギ4
星座は眠気ざまし?
羊飼いたちがつないだ星々

羊飼いたちの夜の楽しみ

今から約5,000年前、古代バビロニアに住む羊飼いの人たちは、羊たちがオオカミにおそわれないように、夜の間ずっと、羊たちの世話をしていたんだ。諸説あるけれど、そのときに夜空を観察して、星と星をつないでは、サソリや魚、てんびんや牛などの形を見立てて星座をつくったともいわれているよ。

古代バビロニア
紀元前1900年頃～紀元前1595年まで、現在のイラク南部に存在した都市国家。「目には目を、歯には歯を」という『ハムラビ法典』が有名。「メソポタミア文明」が生まれた場所。

100こ以上あった星座からえらばれた88こ！

古代バビロニアの時代に作られた星座はその後も伝わり、今から約500年前、アメリカ大陸を発見した**コロンブス**や、船で世界一周した**マゼラン一行が活躍した大航海時代には、新しい星座がどんどん作られて100こ以上になってしまったんだ。**だけど1つの星がいくつもの星座に使われてわかりにくくなってしまったから、1922年に世界中の天文学者が集まって、現在の88こに決められたんだ。

星座が古代バビロニアから
ギリシャへ伝えられたときに
星座とギリシャ神話が
結びついたんじゃ

星のフシギ 6

遠すぎて脳の遠近感が崩壊！
星座の星の距離はみんなちがう

星の距離が遠すぎて どれも同じ距離に見える

夜空の星は平面に見えるけど、じつは地球からの距離はそれぞれちがうんだ。たとえば、オリオン座のベテルギウスという星は地球から約550光年、リゲルは約860光年もはなれている。リゲルはずっと遠くにあるからベテルギウスのほうが近くにあるように見えるはずだけど、星空という平面にオリオン座があるように見えるよね。これは、**すべての星があまりにも遠くにあるので、人間の目には距離のちがいが判断できないからなんだ。**

光年
距離を光の速さで表す単位。1光年は約9兆4,600億km。

すごすぎる!! 実際の距離の話

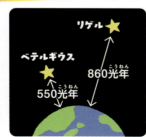

それぞれの星の距離が遠すぎるから平面に見えるんだ。

神さまだって失敗する!?
変身できなくて「やぎ座」記念日

やぎ座

ギリシャ神話の
あわてんぼうエピソード

やぎ座は上半身がヤギで下半身が魚というフシギな姿をしているね。ギリシャ神話には4本足とヤギの角を持つパーン（森や家畜、家畜の世話をする人たちの神さま）が、魚に変身しようとして失敗してしまった姿だという説があるんだ。ある日、パーンがエジプトのナイル川の岸で神さまたちとお酒を飲んでいると、とつぜん、怪物があらわれてみんなにおそいかかった！　パーンはその場から逃げるため、魚に変身して川に飛びこんだつもりだったんだけど、あわてすぎて上半身がヤギの姿に!!　その姿をおもしろがった神さまたちが、やぎ座として空にかかげたんだって。

星のフシギ 8

「好き」だけでは残れなかった星座がある
消えたねこ座!?

コップ座

からす座

ねこ座はないけど
やまねこ座はあるんじゃ

いきすぎたネコ愛？
自分の飼いネコがモデル

うさぎ、うみへび、おうし、おおいぬなど、たくさんの動物の星座があるんだけど、ねこ座はどうかな？　じつは、むかしはうみへび座とポンプ座の間にねこ座があったんだって。ねこ座は、フランスの天文学者ジェローム・ラランドが1799年に考えた星座。**ラランドはネコが大好きだったから、自分が飼っていたネコをモデルにねこ座をつくっちゃったんだ……**。あまりにも個人的すぎる理由だったので、1922年の星座を決める会議で認められず、幻の星座になったんだよ。

星のフシギ 9

太陽が12星座のじゃまをする!?
誕生日に自分の星座は見られない

5月生まれのぼくが誕生日にふたご座を見たいんだけど…

太陽の動きが12星座を通過

みんなは自分の星座がなにか知ってる？　自分が生まれたときの太陽と星座の位置で星座が決まるんだけど、誕生日に夜空にかがやく自分の星座を見たいよね！　でも、残念!!　なんと誕生日には自分の星座を見ることはできないんだ。地球は1年かけて太陽のまわりを公転するんだけど、**自分の誕生日に太陽は誕生月の星座と「ほぼ同じ」位置にいるから、太陽にさえぎられて見ることができないんだ。**

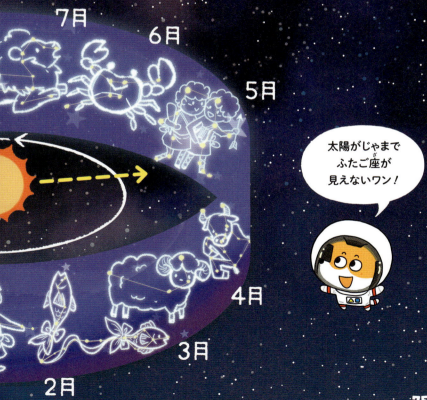

太陽がじゃまでふたご座が見えないワン！

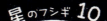

星のフシギ 10

人間分度器で星空観察
星座の大きさを角度で調べよう

人間分度器には個人差はあるけれど大人も子どもも共通して使えるぞ

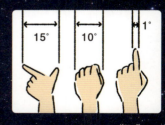

北斗七星を指を使ってはかってみよう

地上にあるものは定規や巻き尺で長さをはかるけど、星空で星座の大きさをはかるときは定規も巻き尺も使えないよね。そこで、**星空にあるものをはかるときには「角度」を使う**よ。星と星の間の距離が遠くなるほど角度が大きくなるんだ。みんなもよく知っている北斗七星を手を使ってはかってみよう！　「にぎりこぶし1つ」+「親指から人差し指のはば1つ」分だから、25度だね！　だから北斗七星は「南北に25度の大きさ」で、地球から見て「南北に25度の範囲に広がっている」ことを意味するんだ。

人間分度器！北斗七星をはかってみよう

星座は空にはりついて見えるから星座をメートルやキロメートルで表しても意味がないんだ。

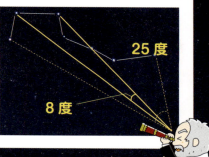

8度

10度

15度

星のフシギ 11

夜空にかがやく銀河
天の川はなぜ夏によく見えるの？

北半球は夏に星々が集まる
銀河系の中心が見える

天の川は星の集まりで「銀河系」そのもの。銀河系は、中心に近いほど星々が集まっていて、はじにいくほど星々は少なくなっているんだ。日本やアメリカ、ヨーロッパがある**北半球では、夏の夜、銀河系の中心部分が見えるから、日本では夏に明るくはっきりとした天の川がきれいに見える**んだ。

銀河系

銀河系の直径は約10万光年。銀河系には恒星が約2,000億このほか、星雲、惑星系、ブラックホールなど、たくさんの天体がある。地球をふくむ太陽系は、銀河系の中心から約2万6,000光年もはなれているよ。

天の川はいつでも夜空にあるんじゃよ

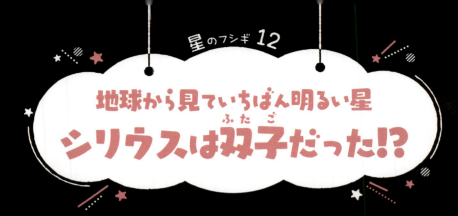

星のフシギ 12
地球から見ていちばん明るい星 シリウスは双子(ふたご)だった!?

地球から見てもっとも明るい星は
じつは2つの星からできている！

シリウスは、おおいぬ座のいちばん明るい恒星。じつはこの星は、**2つの星が連星（2つの恒星が重力によって結びついた状態）を組んでいる双子のような星なんだ。** 太陽より大きくて明るい「シリウスA」と、小さくて暗い「シリウスB」は、おたがいのまわりを公転していて、約50年に1度、もっとも近づくんだって。

シリウスの直径は
太陽の1.7倍
表面温度は太陽の
25倍もあるんじゃ

↑
シリウスB

↑
シリウスA

おおいぬ座は
シリウスがあるから
見つけやすいワン

星のフシギ 13

お宝が眠る灼熱の惑星
ダイヤモンドでできた星がある

星の重さの
約3分の1がダイヤモンド！

宇宙にはダイヤモンドでできている星もあるんだ。「かに座55e」という惑星で、地球から40光年はなれている惑星だよ。直径は地球の約2倍の約2万4,000kmなんだけど、重さは約8倍の465垓847京kgもあるんだ。どうしてこんなに重いのかというと、**「かに座55e」にはダイヤモンドがたくさんあって、重さの約3分の1がダイヤモンド**なんだって！　ダイヤモンド取り放題？　と思うかもしれないけど、星の表面が約2,150度でとても熱いから、近づくことはできなさそうだ……。

太陽系の外にある
かに座 55e のように
地球の数倍の重さがあって

岩石や金属から
できている惑星を
"スーパーアース"
というんじゃ

この星には
近づけそうもないけど
どこかにお金持ちになれそうな
惑星はないのかな～

星のフシギ 14

あれっ、暗くなった？
明るさが変わる星がある

宇宙の神秘を探求するのに変光星は重要な手がかりとなるんじゃよ

星の核で爆発が起こり明るさが急激に変化する星もあるんだって！

さえぎったり、膨張したり
変光星は2万以上ある!!

明るさが周期的に変わる「変光星」という星があるよ。たとえば、**食変光星は、連星を組んでいる2つの星がたがいをさえぎりあうことで明るさが変化する**んだけど、有名なのが、ペルセウス座の「アルゴル」という星。いつもは2等星でキラキラしているのに暗い星にさえぎられてしまい、4等星くらいまでかがやきが落ちてしまうんだ。一方、**脈動変光星は星の表面が膨張と収縮をくりかえすことによって明るさが変化する**んだけど、オリオン座の「ベテルギウス」が脈動変光星が知られているね。変光星の観測から、星の内部構造や進化の研究を進めているんだ。

写真:阿南市科学センター(今村和義)

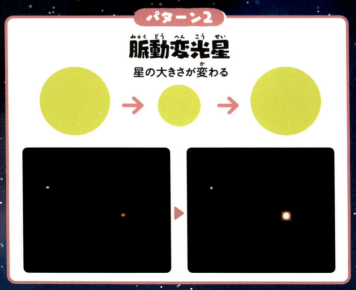

写真:阿南市科学センター(今村和義)

フシギコラム 4

大きいほどエネルギーを使うから
水素の量を見れば寿命がわかる！

恒星は自分が持っている水素をエネルギーに変えて光っている。つまり、「生み出すエネルギーの量によって寿命が決まる」んだ。だから、たとえ同じ日に生まれた星でも、大きければ大きいほどエネルギーを使うから、寿命は短くなってしまうんだ。

> 生まれた日が同じでも小さい星には水素がいっぱいあるからまだまだ赤ちゃんだ

水素メーター / 残りわずか

水素メーター / ほぼまんたん

> 大きい星の水素メーターはもうちょっとしかないワン！

> 大きい星ほどかがやくのにたくさんのエネルギーが必要なんだね

はてしない宇宙にかがやく星の寿命は、私たちが想像できないほど長いんだ。たとえば、太陽は生まれてから50億年（50億歳!?）だし、いちばん古い星（最年長!?）といわれているメトシェラ星は、誕生してから136〜138億年もたっているから、時間が流れる感覚がまったくちがうんじゃ。

86

みんな違ってみんないい！
個性が強い惑星集団

太陽系には地球をふくめて8つの惑星がある。それぞれの惑星は太陽のまわりを楕円形の軌道でまわっていて、大きさや形、表面に特徴があるんだ。水星は太陽系でいちばん小さい！　金星は太陽系でもっとも暑い！　地球は太陽系でただひとつ、生命が存在する！　火星は地球とよく似ている！　木星は太陽系でいちばん大きい！　土星は太陽系でもっとも特徴的！　天王星は太陽系でいちばん冷たい！　海王星は太陽系でもっとも遠いんだ！　このほか太陽系には惑星以外に小惑星（おもに岩でできた小さな天体）、彗星（氷やガスが蒸発して長い尾をたなびかせる天体）、衛星（惑星のまわりをまわっている天体）などの天体もあるから小さな宇宙ともいえるんだ。

太陽系のフシギ 2

水素原子がぶつかり合ってエネルギーを放出！
太陽はじつは燃えていない

水素ガスを燃料に
自分で光と熱を放つ惑星

太陽の直径はおよそ 140 万 km で、地球のおよそ 109 倍！　こんなに大きいのに太陽には陸も海も川もなくて、すべて高温（表面は約 6,000 度、中心は約 1,500 万度）のまるっとぜんぶがガスのかたまりで、ほとんどが水素ガス（全体の約 75%）とヘリウムガス（全体の約 25%）なんだ。そして、水素のつぶ（原子）がぶつかり合ったときにおこる合体（核融合反応）が、太陽の光と熱のエネルギーになってるんだよ。でもじつは、太陽に酸素はないから、本当は燃えていない。燃えているように見えるのは、合体による反応で、これは、これから 50 億年も続くことが予想されているんだ。

びっくり！ どんどん太陽は大きく、地球は軽くなる

水素(すいそ)の核融合反応(かくゆうごうはんのう)で生まれたヘリウムガスは、太陽の中心にどんどんたまり続(つづ)けるので、太陽は少しずつふくらんで、最終的(さいしゅうてき)に今より200倍の大きさになるんだって！ ちなみにヘリウムはとても軽いガスなんだけど、地球からは毎年、ヘリウムが約(やく)9万5,000トンも宇宙(うちゅう)へ出てしまっているので、地球はどんどん軽くなっているんだって。

太陽系のフシギ3

水の惑星じゃなかったの!?
水星の表面はカラカラにかわいてる

太陽にいちばん近い惑星は朝晩の気温差600度!

水星は太陽系でもっとも太陽に近い惑星だから、太陽の影響をたくさん受けてしまうんだ。水蒸気がどんどん逃げて表面がカラカラにかわいてしまうのも納得だよね。そんな水星の表面はとても熱くて、**昼間は最高で430度（鉛が溶けちゃうくらい熱い！）になるけれど、夜はとても寒くて最低でマイナス170度！** 宇宙服なしではとても生活できないね。そして表面のボコボコした穴はクレーター。水星に小惑星がぶつかってできたものだよ。地球のように大気があれば小天体がぶつかっても、燃え尽きてクレーターになることはないんだけど、水星には酸素や二酸化炭素などの大気がほとんどない。だから水星の表面には、たくさんのクレーターが残っているんだよ。

太陽系のフシギ 4
昼間に楽しむ天体観測
青空にうかぶ金星をさがそう

金星が見えなくなる期間の
前後1か月がチャンス！

金星は、とても明るく見える星だからすぐに見つけやすいんだけど、これは、太陽の光が金星の厚い雲によく反射するからなんだ。日の出前（明け方）の東の空、もしくは日の入り後（夕方）の西の空で見ることができるよ。ところでこの金星、昼間の青空でも見える日があるって知ってた？ 約584日ごとに太陽、金星、地球が一直線にならんで、金星が見えなくなる期間が約1か月間ある。その約1か月前と1か月後、金星はもっとも明るく見える。その時期なら、望遠鏡を使わなくても、金星を昼間に見ることができるんだ！ 雲が少なくて空がなるべく青い日がいいよ。でも、青空で天体観測をするときは、ぜったいに太陽を見てはダメ！ 手のひらで太陽をかくしたり、建物をかげにしたりして空を見上げてね。

チェック！金星

金星のまわりの雲は
こい硫酸だから
とってもキケンじゃ！

太陽系のフシギ 5

中心温度は 5,500度！
なぜ地球の表面は熱くない？

地球の表面にある大気は熱が宇宙に逃げるのをふせぐはたらきもしているよ

地球

大気
地殻
マントル
中心温度は 6,000度
表面温度は15度
核

太陽

太陽の表面温度は
約6,000度！
中心温度は1,600万度も
あるんだって！

地球の中心と
太陽の表面温度はほぼ同じ！

じつは地球の中心温度は6,000度もあって、太陽の表面温度とほぼ同じくらい熱いんだ！　だけど私たちが地表の熱を感じないで生活できているのは、**地球の内部に地殻、マントル、核という3つの層があって、熱を表面に伝えないようにしているから**。地殻は地球のもっとも外側にある固い岩の層、マントルは地殻の下にある岩の層、核はマントルの下にある岩石の層だよ。この3つの層のおかげで地球の表面は、中心よりもはるかに低い温度（平均15度）を保っているんだね。

97

太陽系のフシギ 6

火の星じゃなかったの!?
火星にはドライアイスの雪がふる

火星の北極と南極には二酸化炭素でできた氷がたくさんあるんじゃ

火星の冬は寒すぎて二酸化炭素もこおる!

火星にも四季があって、冬には雪がふるんだけど、地球の雪とはちがうんだ。**火星には水がほとんどないけれど空気中には二酸化炭素がたくさんあるので気温が低くなるとその二酸化炭素が固体になり、ドライアイスの雪になるんだ!**

チェック！ 火星の北極

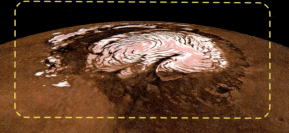

発見!! 水の資源がねむる星

じつは火星の地下には大量の水があると考えられているんだ。火星に海があったのは30億〜40億年くらい前のことで、少しずつ蒸発して消えてしまったんだ。現在、火星の表面に水はほとんどないけれど、火星の探査車が地下から水の蒸気を見つけたよ。

太陽系のフシギ 7

太陽系でいちばん大きな惑星
木星はいつも雲でおおわれている

チェック!

この大赤斑は反時計回りにまわっているんじゃ

大赤斑の大きさの変化

1995年

2009年

2014年

木星の雲はすべてアンモニアでできた雲なんだワン

どんどん小さくなっている赤褐色の「台風」

木星の表面にある雲はずっと動き続けていてその雲の動きによって木星の色が変化して見えるんだ。そして**赤褐色の大赤斑は、風速が時速約400kmの大きな「台風」**だと考えられているんだけど、じつはこの渦、1800年代後半に発見されたころは**直径5万6,000km（地球の4倍！）**もあったんだ。だけど1979年にボイジャー号が木星を通過したときには、地球の2倍くらいまで小さくなっていたんだって。最近では、とうとう地球と同じ大きさになってしまっていて、10～20年後には、この渦が消えてしまうともいわれているんだよ。

太陽系のフシギ 8

キラキラかがやく氷の微粒子
土星の環がなくなる日がくる？

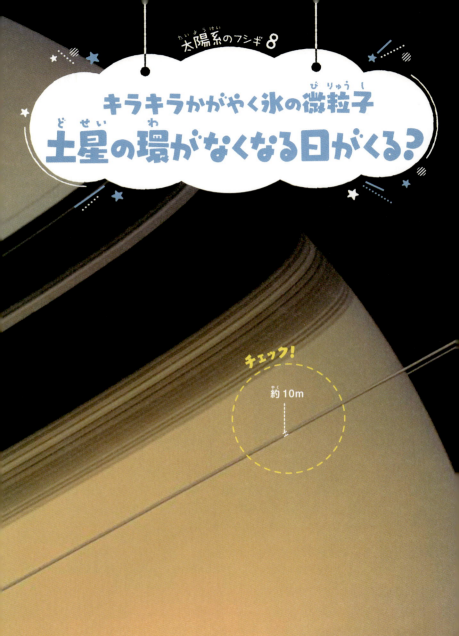

チェック！
約10m

土星の環は
7つにわかれているんじゃが
いちばん広いところで
約2万5,000km
次にはっきり見えるところで
約1万5,000kmも
あるんじゃよ

約4万4,000km

数億年の時間をかけて
土星の環はゆっくり消えていく

土星の環は氷の微粒子が集まったもので、太陽の光が反射して美しくかがやいて見えるんだ。**この氷の微粒子は土星の重力に引かれて土星の表面に落ち続けていて、数億年後には消えてなくなってしまうと考えられている**んだ。だから現在、土星の環のあつさが約10mはあるんだけど、地球と土星の位置関係によっては、うすくて見えないこともあるんだよ。

103

太陽系のフシギ 9

太陽が42年間のぼり続ける!?
天王星はナゾがいっぱい

公転周期は地球の84倍で
ゆっくりゆっくりまわっている

天王星は太陽系でも外側にある惑星なので太陽から届く光が少なくて、表面温度が平均マイナス214度にもなるからとっても寒いんだ！　そして天王星の四季は、地球の四季よりも長く続くことがわかっているし、公転周期が地球の約84倍で、**太陽が42年間のぼり続けたり、42年間沈み続けたりするところもあって、まだまだナゾがいっぱいの惑星**なんだ。

104

天王星にも土星のように環があるんだね

チェック！

びっくり！ 天王星は横倒しに回転している

地球は北極がいつも上向きだから、北極から見ると反時計まわりに回転しているんだけど、天王星は地軸が98度かたむいているから、北極と南極が左右にある状態。そのため、天王星はたてに回転しているように見えるんだ。

太陽系のフシギ 10

天文学者たちの名推理で発見！
なかなか確認できなかった海王星

天王星の発見があったから
海王星を探すことができた

天王星は発見されていたけれど、海王星をなかなか発見できずにいたとき、**天文学者たちは天王星の軌道が予測よりも少しずれていることに気づいたんだ。**フランスの天文学者ユルバン・ルヴェリエとイギリスの天文学者ジョン・クーチ・アダムズは、**天王星の軌道に影響を与えている新しい惑星の位置を予測。**そしてついに、1846年、ドイツの天文学者ヨハン・ガレが、新しい惑星の発見に成功し、海王星と名づけたんだ。

106

太陽の光を吸収して
青い光だけを反射する
メタンによって
海王星は青くみえるんじゃ

太陽系のフシギ 11

惑星から格下げ!?
準惑星になった冥王星

冥王星

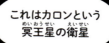

宇宙の理解が深まると惑星のルールも変わる

冥王星はずっと「惑星」だったんだけど、2006年に国際天文学連合（IAU）によって「準惑星」に分類されなおしたんだ。これはIAUが「惑星」の定義を「太陽のまわりを公転し、十分に大きな質量を持ち、自転によって丸い形になり、その軌道にほかの天体がいない」としたから。冥王星は、十分に大きな質量を持ち、自転によって丸い形をしているんだけど、**太陽のまわりを公転する軌道にほかの天体が存在していた**ことがわかったんだ！ そのため冥王星は「準惑星」に改められたんだよ。

惑星になれなかった小さな天体
小惑星は宇宙のタイムカプセル

小惑星には太陽系の情報がいっぱい

太陽系は、現在までの46億年の間になにがあったのか、惑星がどう変化していったかなど、わからないことはまだまだあるんだけど、このナゾを解き明かすヒントになるのが「小惑星」。太陽系には60万個以上の小惑星があるんだけど、その小惑星にくっついている岩石やチリを調べることで、太陽系の情報を集めることができるんだ。だから小惑星は宇宙のタイムカプセルともいえそうだね。

これは「イダ」という木星と火星の間にいる小惑星じゃ

新発見！ 初期の太陽系を知る手がかり

小惑星の表面には「チリ」という小さな粒子がついている。2010年、小惑星探査機「はやぶさ」が世界ではじめて小惑星リュウグウから持ち帰ったチリには、地球上にはない物質がふくまれていたんだよ。

太陽系のフシギ 13

76年ごとに「こんにちは」！
ハレー彗星は宇宙の長距離ランナー

彗星には見つけた人の
名前がつくから
キミの名前がつくかもじゃ！

夜空が光るとなにかがおこる……?
彗星は災害を予告するものと信じられていた

彗星が太陽に近づくとガスやチリが放出され、長い尾が明るい光を放つんだけど、むかしの人々にはまったく理解できないものだったんだ。多くの文献に登場するハレー彗星は76年ごとに地球に接近するんだけど、たとえば洪水や干ばつなどの災害がおこる、病気の流行、戦争が始まるなど、ハレー彗星の言い伝えは世界各地にあるよ。1910年、日本にハレー彗星が接近したときは「地球の空気が5分間有毒ガスでいっぱいになる!」と大さわぎになったんだ。

チェック！ ハレー彗星

「本田彗星」「小林彗星」「関彗星」など
日本人の名前がついている彗星もあるよ

太陽系のフシギ 14

流れ星と彗星は親子!?
彗星の砂つぶが流れ星になる

決まった時期に
決まった方向から星が流れる

流れ星は彗星の砂つぶ（チリ）からできているから流れ星と彗星は親子
関係ともいえるんだ。地球と彗星のコースがまじわるとき、砂つぶが大
量に地球に飛びこんでくるんだけど、地球が彗星のコースを横切る日は
毎年ほぼ決まっているから、**決まった時期にたくさんの流れ星を見る
こと**ができるんだ。これを「流星群」というよ。流れ星が飛びだしてく
る中心の星座の名前をとって「〇〇座流星群」ともよばれるんだ。

主な流星群カレンダー

しぶんぎ座流星群	……… 1/4前後	しし座流星群	……… 11/18前後
ペルセウス座流星群	……… 8/13前後	ふたご座流星群	……… 12/14前後
オリオン座流星群	……… 10/22前後		

114

隕石の研究にも役立つ
お宝さがしをしよう

隕石ハンターは、地球に落下した隕石を探す人のこと。隕石の値段は隕石の種類、大きさ、重さ、状態などによってちがって、数千円から数百万円になることも！　とくに月や火星から飛来した隕石はとても高価で、数億円にもなることもあるんだ！　隕石の値段が高い理由は、隕石の数が限られているし、研究が進んで隕石の価値が認められているからなんだけど、もし隕石を売るときはその隕石を正しく評価してもらうことが重要だから、隕石の専門業者に査定を依頼してね。

これはスーダンの
ヌビア砂漠で発見された
隕石なんじゃ

フシギコラム 5

永久凍土で寝ていたの？
4万6,000年を タイムスリップした虫

ロシア（シベリア）の永久凍土から4万6,000年前の虫（線虫）が発見されたんだけど、なんとこの虫を解凍したら生き返ったというからびっくり！ 現在、温暖化の影響で世界中の永久凍土が急激に溶けていて、未知なる病原菌をもつ生物や細菌（ウイルス）の出現が懸念されているんだ。

チェック！

白くなっている部分が地面がこおっている永久凍土なのね

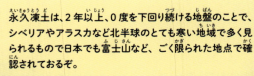

永久凍土は、2年以上、0度を下回り続ける地盤のことで、シベリアやアラスカなど北半球のとても寒い地域で多く見られるもので日本でも富士山など、ごく限られた地点で確認されておるぞ。

地球と月のフシギ 1

宇宙から見える地球は美しい
どうして地球は青いの？

海と大気が
地球を青くしている！

地球が青く見える理由のひとつは、**地球の表面の7割が海におおわれているから**。海水に太陽の光があたって散乱すると虹と同じ7色に分解されるんだけど、7色のなかで青い光がいちばん水に吸収されにくくて残るんだ。そしてもうひとつ、地球をおおっている大気も青色に影響しているよ。**大気中の酸素や窒素などの分子は、太陽光の青い光を散乱するんだって**。海水と大気の両方の性質によって地球は青く見えるんだね。

121

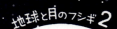

宇宙で暮らすのはとってもたいへん
人間は地球でしか生きられない!?

火星
表面温度：平均マイナス50度
大気圧：0.006気圧

地球
表面温度：平均14度
大気圧：1気圧

そうだったの!? 大気に守られる地球

大気とは地球の表面と宇宙空間の間にあるガスの層で、紫外線や隕石の衝突を防いでくれている。大気は地球の重力に引き寄せられていて、地球の表面に近いほど大きく（厚く）、上空にいくほど小さく（うすく）なっているんだ。

表面温度：平均470度
大気圧：90気圧

地球は「ちょうどいい」から住みやすい！

宇宙に星はたくさんあるけど地球はたったひとつの奇跡の惑星

金星と火星は太陽系の惑星で、地球に似ているといわれる惑星なんだけど、**現在、人間が住んでいるのは地球だけ**。それはどうしてかというと、地球の大気圧は約1気圧で、平均気温は約15度。大気はおもに窒素と酸素で構成されていて、光を遮断しないから人間をはじめとする生物が生活できる環境が整っているんだ。金星は地球の約90倍の大気圧で470度も表面温度があるし、大気はほぼ二酸化炭素で構成されているから**金星では人間は呼吸できない**。火星は表面温度が平均マイナス50度で寒いなんてものじゃないし、大気がとてもうすくてたくさんの放射線が地上に到達してしまうから、**火星で生活すると放射線にさらされる**ことになる。宇宙で人間が生活できる惑星を探すのは、かなりたいへんなことなんだ。

123

地球と月のフシギ3

宇宙の中心は地球じゃない！
「地動説」を唱えたガリレオ

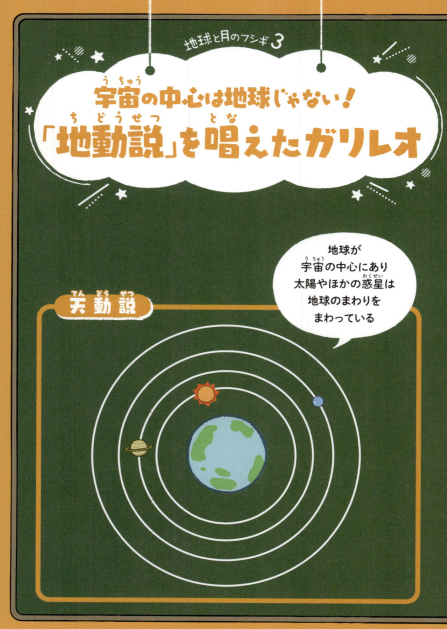

天動説

地球が宇宙の中心にあり太陽やほかの惑星は地球のまわりをまわっている

地動説の真実を追い求め続けたガリレオ

それまでは地球を中心に太陽や惑星がまわる「天動説」が主流だったけれど、宇宙観を大きく変えた「地動説」は16世紀にポーランドの天文学者ニコラウス・コペルニクスによってはじめて提唱されたんだ。ガリレオ・ガリレイも「地動説」を唱えていたけれど地動説は多くの人々に受け入れられず、1633年、当時の教会から「異端」と見なされ、有罪判決を受けてしまった。**地動説が真実であると信じていたガリレオは、有罪判決を受けても地動説を唱え続けたんだ。**死ぬまで真理を求め続けたガリレオの行動には「科学的な真理は、たとえ権力者から弾圧されようとも決して消すことはできない」という強いメッセージが込められてるんだ。

地動説

太陽が宇宙の中心にあり地球やほかの惑星は太陽のまわりをまわっている

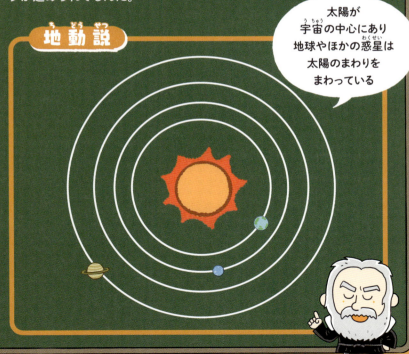

地球と月のフシギ 4

生中継もバッチリ！
はじめての月の滞在時間は2時間半

人類初の月面着陸

1969年7月20日は、アメリカの宇宙飛行士ニール・アームストロングとバズ・オルドリンが、人類ではじめて月面に降り立った記念すべき日。2人は月の土壌や岩石を採取したり、月面を歩いたり、車を運転したりしたよ。さらに、テレビカメラを使って月から地球に生中継もおこなって、月面で約2時間半の活動をしたんd。**アームストロングとオルドリンの月面着陸は人類の偉大な功績であり、宇宙開発の歴史に残るできごとだったんだ。**

地球と月のフシギ5

「双子説」「捕獲説」もあるけれど 月は「地球のかけら説」が有力！

地球と月の成分はほとんど同じなんだワン！

月の誕生には3つの説がある

月の誕生には、太陽系ができたときに地球といっしょに生まれた「双子説」、まったくちがうところで生まれた月が地球の重力につかまった「捕獲説」があるけれど、もっとも有力な説が「地球のかけら説」。月は約45億年前、小惑星が地球に衝突したときに飛び散った「かけら」が集まってできたと考えられているんだ。

月は地球の偉大な相棒
月がなくなったら南極が砂漠になる!?

地球がかたむくだけで
地球全体の温度が大きく変わる！

地球は北極と南極を結ぶ地軸を中心に回転しているんだけど、この軸が安定しているのは、月に地球が引っぱられているから。だから月がなくなってしまうと、その軸が不安定になって地球はグラグラとかたむいてしまうんだ！　地球の軸がかたむくだけで、地球の太陽の当たり方が大きく変わり、南極や北極は高温になって氷がすっかり溶けて砂漠になってしまったり、砂漠地帯には雪がふったりして、地球全体の環境が大きく変わってしまうと考えられているんだ。

地球と月のフシギ **7**

むかしは16倍も大きく見えた！
月は地球からどんどんはなれている

36万km

現在

38万4,000km

1年に4cm!?
地球から少しずつ遠ざかる月

月が誕生したのは今から45億年前。そのときは地球から2万4,000kmはなれたところに月があったといわれている。ところが、現在の地球との距離は38万4,000kmだから、**45億年の間に36万kmもはなれてしまったことになるんだ！** これは月と地球の自転と引力が関係していて、月が地球のまわりをまわるコースが少しずつ広がっているからなんだ。**月がはなれていく距離は、年間約3.8cm**。地球が誕生したころは、月はもっと大きく見えたんだろうね。

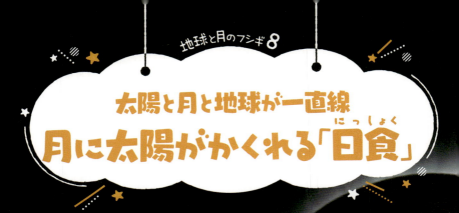

地球と月のフシギ 8

太陽と月と地球が一直線
月に太陽がかくれる「日食」

地球上で1年に数回の天体ショー

日食は太陽と月と地球が一直線にならび、月が太陽の光をさえぎって見えなくなる現象。日食は地球のどこからでも見られるわけではなく、月の影が地球に落ちる範囲でしか見ることができないんだ。日食には「皆既日食」「部分日食」「金環日食」の3つの種類があるよ。皆既日食は月が太陽を完全にさえぎり、空が暗くなる日食。部分日食は月が太陽を部分的にさえぎり、欠けた太陽が見える日食。金環日食は月が太陽を完全にさえぎることができず、太陽のまわりにリング状の光が見える日食だよ。

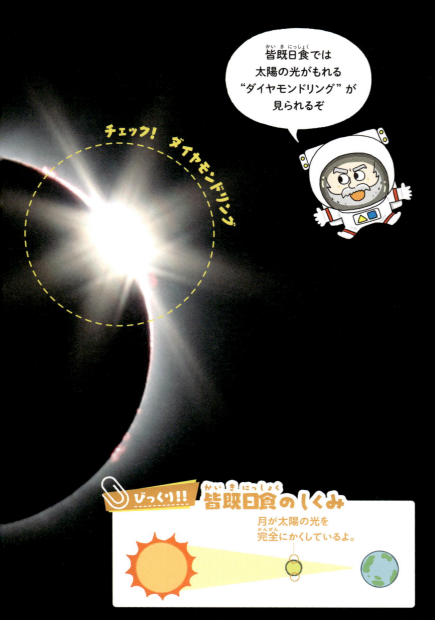

地球と月のフシギ 9
とても美しい自然現象が見られる！
ロマンティックな「金環日食」

次に日本で日食が見られるのは2030年6月1日で北海道では金環日食が見られるみたいだよ〜

日食がいつ起こるのか調べてみよう！

月から太陽の光がこぼれると空に指輪が現れる！

金環日食は、太陽が月にさえぎられる日食のひとつ。月は太陽より小さいけれど地球に近いので、太陽を完全にさえぎることができるんだ。だけど、月が太陽をかくしきれずに**太陽のまわりにリング状の光が見えることがあるんだ。この現象が「金環日食」**だよ。金環日食は数年に1回しか起こらない。そして地球のどこからでも見られるわけではなく、月の影が地球に落ちる範囲でしか見ることができないんだ。金環日食はとても美しい自然現象だから、もし見ることができたら、ぜひその瞬間を楽しんで！

136

> 金環日食

金環日食のしくみ

月よりも太陽のほうが大きいから、光がもれているよ。

地球と月のフシギ10

不吉な前ぶれだと考えられていた？
月が赤くなる「月食」

太陽と地球と月が
一直線になる現象

月食とは太陽と地球と月が一直線になったときに地球の影に満月が入り込む現象のこと。**月の一部が地球の影に入る「部分月食」、月の一部が地球のうすい影に入る「半影月食」、月全体が地球の影に入って月が完全に見えなくなる「皆既月食」** があるよ。月食は月が地球の影にかくれることでおこる現象だけど、地球の影が太陽の光を完全にさえぎることはないから、月食のときに月が赤く見えることがあるんだ。

138

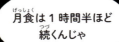

月食は1時間半ほど続くんじゃ

びっくり!! 月食のしくみ

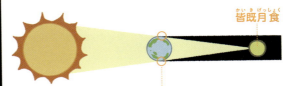

皆既月食

太陽の光が地球にさえぎられて月まで光が届かないから、月全体が暗く（赤く）見えるよ。

フシギコラム 6

まだまだいるよ！
天文学の偉人たち

ガリレオ先生以外にも、天文学にさまざまな影響を与えた偉人はたくさんいるんだ。ここでは8人の偉人を紹介するよ。

地球は宇宙の中心！
アリストテレス

「万学の祖」ともよばれる古代ギリシャの哲学者・アリストテレスは、地球は宇宙の中心にあって、太陽と月以外に5つの惑星がまわっているという天動説を唱えたよ。この天動説は、その後、数世紀にわたって天文学の基本的な考え方になったんだ。

プロフィール

名　　前 … アリストテレス　　生まれた国 …… 古代ギリシャ
生没年 … 紀元前384年～紀元前322年

88星座のもとをつくった
プトレマイオス

古代ローマの学者・プトレマイオスは、ヨーロッパで使われていた星座を「トレミーの48星座」（トレミーはプトレマイオスの英語読み）としてまとめたんだけど、これは現在の88星座のもとになっているよ。また、プトレマイオスはアリストテレスが主張した天動説をさらに発展させて、地球を中心に天体がどう動いているのかを説明したよ。彼の天体観測の記録は、その後1,400年にもわたって、西洋の天文学の基礎となったんだ。

プロフィール

名　　前 … クラウディオス・プトレマイオス
生まれた国 …… エジプト　　生没年 … 83年～168年

★ 超新星爆発の記録を残した 藤原定家

平安時代末期の歌人で『小倉百人一首』の撰者としても有名な定家は、『明月記』とよばれる日記を56年間も書いていた。その日記には星が寿命をむかえて大爆発する超新星爆発のについて書かれていたんだ。望遠鏡がない時代の超新星爆発の記録は世界で7件しかなく、そのうちの3件が『明月記』に残されているんだよ。

プロフィール

名前 … 藤原定家　　生まれた国 …… 日本　　生没年 … 1162年〜1241年

★ 地動説を最初に証明した コペルニクス

カトリック教会の司祭だったコペルニクスは、それまでの地球を中心に惑星がまわっているという天動説に疑問をもち、「地動説」を唱えたよ。そもそも地動説自体はむかしからある考え方だったけれど、キリスト教では、天動説が常識だった。でも、天動説では1年を正確に測れないことに気づいたコペルニクスは、惑星が太陽を中心にまわっているという地動説を主張したんd。

プロフィール

名　前 … ニコラウス・コペルニクス　　生まれた国 …… ポーランド
生没年 … 1473年〜1543年

★ 惑星の軌道の法則を発見 ケプラー

1619年、ケプラーは惑星の運動に関する法則「ケプラーの法則」を発見したよ。それまで惑星は完全な円を描くように動いていると考えられていたけど、「惑星の軌道は楕円である」と唱えたんだ。このほか、惑星が太陽のまわりをまわる速度が太陽の距離によって変化することを示す法則も発見したよ。

プロフィール

名　前 … ヨハネス・ケプラー　　生まれた国 …… ドイツ
生没年 … 1571年〜1630年

141

天王星を発見した ハーシェル

ハーシェルはもともと音楽家だったけど、1781年に天王星を発見したことをきっかけに、天文学者として活躍するようになったんだ。土星の2つの衛星を発見しただけではなく、天の川銀河がどらやきのような形であることも発見したよ。天の川銀河の構造の発見によって、太陽系ですら宇宙の中心ではないことを明らかにしたんだ。

プロフィール

名　前 … フレデリック・ウィリアム・ハーシェル　　　生まれた国 … ドイツ
生没年 … 1738年～1822年

星は光を曲げられる アインシュタイン

「20世紀最高の物理学者」ともいわれるアインシュタインは、天文学にも大きな影響を与えたよ。ブラックホールの存在を予言するもとになった理論を唱えたし、さらに「相対性理論」は、タイムトラベルができるかもしれないという考えのもとになっているよ。

プロフィール

名　前 … アルベルト・アインシュタイン　　生まれた国 … ドイツ
生没年 … 1879年～1955年

宇宙は膨張している ハッブル

近代を代表する天文学者のひとり。銀河系の外にも銀河があることを発見したんだ。ハッブルが距離が遠い銀河ほど速いスピードで遠ざかっていることを発見したことで、宇宙が膨張していることがわかったんだ。これが、宇宙の本当の大きさを知ることにつながり、ビックバン理論を生むきっかけになったんだ。

プロフィール

名　前 … エドウィン・ハッブル　　生まれた国 … アメリカ合衆国
生没年 … 1889年～1953年

天文学と天気のフシギ

天文学と天気のフシギ 1

自然現象を研究する 天文学と気象学

空を観察するのは
どちらもおなじだね

宇宙の神秘を解き明かす天文学と
生活をより豊かにするため　気象学

天文学と気象学はどちらも自然現象を研究する学問だけど、研究対象と手法が大きくちがうんだ。天文学は宇宙の構造や成り立ちと天体に関する学問で、太陽系内外の惑星、銀河、宇宙の歴史について、観測や実験、理論などのさまざまな手法で研究すること。一方、気象学、とくに予報は地球上の大気の状態を予測する学問で、気温や降水、風などについて数値予報・統計予報モデルなどを研究しているよ。天文学は宇宙の神秘を解き明かすために、気象学は私たちの生活をより豊かにするために、これからも研究が進められていくんだね。

145

天文学と天気のフシギ 2　Q

天気と太陽の位置によっても色が変化
空はどうして青いの？

青色の光は
ほかの色の光とくらべて散らばりやすい

太陽の光には、赤・オレンジ・黄・緑・青・藍・紫の7色がふくまれていて、それぞれの波長はちがうんだよ。波長が短い光ほど散らばりやすい性質があるんだ。この7色のなかでもっとも短い波長が青色で、空気分子によって、もっとも強く散乱されるから空が青く見えるんだ。そして、空の青さは天気や時間帯によっても変化するよ。晴れているときは空気中の水蒸気や汚染物質が少ない。だからより青く見えるんだ。

夕焼けが赤いのは？ 太陽が地平線近くにあるから

夕方に空が赤く見えるのは、太陽が地平線近くにあるから。太陽が地平線近くにあると、太陽の光が空気中を通過する距離が長くなるんだ。すると青い光は散乱されてしまうから、私たちの目には赤やオレンジなどの波長の長い光がよりとどくようになるんだ。だから夕方は空が赤く見えるんだよ。

天文学と天気のフシギ 3

虹のはじまりはどこ？
虹の形はまんまるだった！

虹が橋のように見えるのは
上半分しか見えていないから

虹は太陽の光が雨のツブで散乱されてできる現象だよ。太陽が観測者のうしろにあり、さらに雨のしずくが太陽の反対側にあるときに、太陽の光が雨のツブで屈折・反射されて虹ができるんだ。このときの虹の形はまんまるなんだけど、私たちに見えるのは地面から少し上の範囲だけだから、円形の虹が半円のアーチ状に見えるんだよ。

天文学と天気のフシギ 4

気象予報士も雲を観察！
雲を見れば天気が予測できる

風は雲の発生と移動、そして降水にまで影響している！

風によって空気が循環すると水蒸気が上昇して雲ができるよ。雲は水滴や氷のツブが集まってできたものなんだけど、風が雲を動かすと雲の中で水滴や氷のツブがぶつかりながら大きくなるから雨が降りやすくなるんだ。たとえば夏の夕方、地面が太陽に熱せられると上昇気流がおこり、雲が発生する。そして、風によって雲が山にぶつかると上昇気流がさらに強まって積乱雲が発達するんだ。積乱雲を見かけたら、雷雨や豪雨になるから気をつけて！

風と雲はとても影響しあっているんじゃ

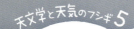
天文学と天気のフシギ5

同じ形はひとつもない！
雪の結晶はすべてが六角形

雪の結晶は気温と水蒸気の量で形が変わるんだ！

自然の美しい造形物を拡大鏡で観察してみよう

雪の結晶は空気中の水蒸気が冷やされてできた氷のツブに水の分子がくっついたもので、**温度や湿度、風の吹き方によってさまざまな形になるから、同じ形をした雪の結晶はひとつもない**んだよ。雪の結晶を観察するときは、雪がとけない場所で雪をそっと紙や布の上に置いて、拡大鏡で見てみてね。

天文学と天気のフシギ 6

夜空に現れる巨大な光のショー
オーロラの正体は？

さまざまに変化する色が神秘的

夜空の広い範囲に緑色や赤色の光のカーテンのように現れるオーロラは、太陽から飛んできた「太陽風」とよばれる電気を帯びた小さなツブが大気と衝突したときに光が放出される現象で、おもに北極圏や南極圏、カナダやアラスカ、フィンランドなどで見ることができるよ。じつは日本でも「低緯度オーロラ」が2023 年 3 月に北海道陸別町で観測されているんだ。さまざまな条件がそろわないと見られないけれど、神秘的で美しいオーロラを体感してみたいね！

さくいん

数字

12 星座	71,74
88 星座	66,73,140
IAU	109
ISS	40,43
NGC4,755	60

あ

アポロ	46
天の川	15,78
天の川銀河	34,142
アリストテレス	140
アルゴル	84
アルベルト2世	38
アルベルト・アインシュタイン	142
アレクサンダー・ゲルスト	44
アンドロメダ銀河	20
アンモニア	101
イダ	111
異端誓絶文	12
隕石	116,122
インフレーション	24,26
引力	133
打ち上げ脱出システム	46
宇宙	12,22,23,24,26,28,30, 32,38,40,44,49,51,54,58,61,82,84, 86,88,91,96,109,110,112,120,122, 124,140,142,144,147
宇宙開発	38,126
宇宙空間	58,122
宇宙人	50,56
宇宙船	36,39,44,49
宇宙探査	40

宇宙飛行士	38,41,44,46,126
宇宙服	92
うみへび座	66,72
永久凍土	118
衛星	89,109,142
エーブル	38
エドウィン・ハッブル	142
おおいぬ座	73,80
オーロラ	154
おとめ座	34
オリオン座	68,84
オリオン座流星群	114

か

海王星	16,89,106
皆既月食	138
皆既日食	134
ガガーリン	39
核	84,96
核融合反応	90
ガス雲	35
火星	16,88,98,111,117,122
カッパー星	60
かに座 55e	82
からす座	72
ガリレオ・ガリレイ	11,14,124
カロン	108
気象学	144
気象予報士	150
軌道	39,52,89,106,109,141
球状星団	60
ギリシャ神話	67,70
局部銀河群	20,21

156

銀河	20,26,61,78,142,145,147
銀河系	18,20,56,78,142
銀河団	27,61
金環日食	134,136
金星	12,17,88,94,122
クラウディオス・プトレマイオス	140
クレーター	13,92
けいききゅう座	73
月食	138
月面着陸	126
ケプラーの法則	141
原子	24,90,155
原子星	58
こいぬ座	73
恒星	19,56,59,60,79,80,86
光速	48
公転	75,80,104,109
光年	68,79,82
国際宇宙航行アカデミー地球外知的生命探査常任委員会	51
国際天文学連合	109
国際連合	51
国際宇宙ステーション	40,42,44
黒点	15
国連事務総長	51
古代エジプト	62
古代バビロニア	64,67
コップ座	72
小林彗星	113
コロンブス	67

さ

砂漠	130
散開星団	60
酸素	25,44,90,92,120,123
散乱	120,146,148
ジェローム・ラランド	72
紫外線	122
しし座流星群	114
自転	109,133
しぶんぎ座流星群	114
宗教裁判	12
重力	32,34,43,47,58,80,103,122,128
準惑星	108
小マゼラン銀河	20
小天体	92
小惑星	36,89,92,110,128
食変光星	84
ジョン・クーチ・アダムズ	106
シリウス	62,80
人工衛星	22,52,54
彗星	89,112,114
水星	17,88,92
水素	24,86,90
スーパーアース	83
ストレルカ	39
スパイ衛星	54
星雲	15,58,61,79
星雲星団	61
星座	64,66,68,71,72,74,76,140
静止軌道	53
星団	60
赤色巨星	60
関彗星	113

157

線虫 ……………………… 118
相対性理論 ………………… 142
ソユーズ ……………………… 46
素粒子 ………………………… 24

た

大気 ……… 92,96,120,122,145,154
大気圧 ………………………… 122
大気圏 ………………………… 53
大赤斑 ………………………… 100
台風 …………………………… 101
大マゼラン銀河 ……………… 20
タイムトラベル ………… 48,142
ダイヤモンド ………………… 82
ダイヤモンドリング ……… 135
太陽 …………… 10,12,15,16,30,33,
43,59,62,75,80,83,88,90,92,94,97,
103,104,107,109,113,120,124,130,
134,136,138,140,146,148,151,154
太陽系 …… 16,18,26,79,83,87,88,92,
100,104,110,122,128,142,145
太陽光 ………………………… 120
太陽風 ………………………… 154
探査機 …………………… 34,111
探査車 ………………………… 99
地殻 …………………………… 96
地球 … 12,16,19,25,36,40,43,48,52,
56,62,68,75,76,79,80,82,88,90,92,
94,96,101,103,104,113,114,117,119,
120,122,124,126,128,130,132,134,
136,138,140,145
地球外生命体 ………………… 51
地球軌道 ……………………… 38
地軸 …………………… 105,130
窒素 …………………… 120,123
知的生命体 …………………… 56

地動説 …………… 11,12,124,141
超銀河団 ……………………… 27
超新星爆発 …………………… 141
月 …… 12,15,36,117,119,126,128,130,
132,134,136,138,140
偵察衛星 ……………………… 54
天気 …………………… 143,146,150
天体 …… 12,22,33,34,52,79,88,
109,110,134,140,145
天体観測 ………………… 94,140
天体写真家 …………………… 22
天動説 …………………… 124,140
天王星 …… 16,89,104,106,142
天文学 …………………… 8,11,13,14,22,
140,142,143,144
天文学者 … 22,56,66,72,106,125,142
天文台 ………………………… 22
土星 …………… 17,89,102,142
土星の環 ……………………… 102
ドライアイス ………………… 98
ドレイク方程式 ……………… 56
トレミーの48星座 …………… 140

な

流れ星 ………………………… 114
南極 …………………… 98,105,130
南極圏 ………………………… 154
ニール・アームストロング ……… 126
ニコラウス・コペルニクス … 125,141
二酸化炭素 …………… 92,98,123
虹 ……………………… 120,148
日食 …………………… 134,136
人間分度器 …………………… 76
ヌビア砂漠 …………………… 117
ねこ座 ………………………… 72
熱エネルギー ………………… 33

は

墓場軌道 · 52
バズ・オルドリン · · · · · · · · · · · · · · 126
波長 · 146
はやぶさ · 111
ハレー彗星 · · · · · · · · · · · · · · · · · · 112
半影月食 · 138
ハンス・リパシュー · · · · · · · · · · · · 15
ビッグバン · · · · · · · · · 24,26,29,33
ビッグバン理論 · · · · · · · · · · · · · · 142
微粒子 · 102
藤原定家 · · · · · · · · · · · · · · · · · · · 141
ふたご座 · 74
ふたご座流星群 · · · · · · · · · · · · · · 114
部分月食 · 138
部分日食 · 134
ブラックホール · · · · · · · · 34,79,142
プラネタリウム · · · · · · · · · · · · · · · 22
フランク・ドレイク · · · · · · · · · · · · 56
フレデリック・ウィリアム・ハーシェル · · 142
分子 · · · · · · · · · · · 120,146,153,155
ベーカー · 39
ベテルギウス · · · · · · · · · · · · · 68,84
ヘリウム · 90
ベルカ · 39
ペルセウス座 · · · · · · · · · · · · · · · · 84
ペルセウス座流星群 · · · · · · · · · · 114
変光星 · 84
ボイジャー号 · · · · · · · · · · · · · · · · 101
望遠鏡 · · · · · · · · · · 15,22,94,141
放射線 · 123
宝石箱星団 · · · · · · · · · · · · · · · · · · 60
北斗七星 · 76
北極 · · · · · · · · · · · · · · 98,105,130
北極圏 · 154
本田彗星 · · · · · · · · · · · · · · · · · · · 113
ポンプ座 · 73

ま

マゼラン · 67
マントル · 96
脈動変光星 · · · · · · · · · · · · · · · · · · 84
無重力空間 · · · · · · · · · · · · · · · · · · 43
冥王星 · 108
メタン · 107
メトシェラ星 · · · · · · · · · · · · · · · · 86
木星 · · · · · · · · · · · 15,17,88,100,111

や

やぎ座 · 70
やまねこ座 · · · · · · · · · · · · · · · · · · 72
雪 · 98,152
ユルバン・ルヴェリエ · · · · · · · · · 106
ヨハネス・ケプラー · · · · · · · · · · · 141
ヨハン・ガレ · · · · · · · · · · · · · · · · 106

ら

ライカ · 38
リゲル · 68
リュウグウ · · · · · · · · · · · · · · · · · 111
硫酸 · 95
流星群 · 114
りょうけん座 · · · · · · · · · · · · · · · · 73
連星 · 80,84
ろくぶんぎ座 · · · · · · · · · · · · · · · · 73
ロケット · · · · · · · · · · · · · · · 22,46,48

わ

惑星 · · · · · · · 17,51,56,82,89,90,92,100,
104,106,108,110,123,124,140,145
惑星系 · 79

159

監修 渡部潤一

1960年、福島県生まれ。東京大学大学院、東京大学東京天文台を経て、現在、自然科学研究機構国立天文台上席教授、総合研究大学院大学教授。理学博士。国際天文学連合副会長。太陽系天体の研究のかたわら最新の天文学の成果を講演、執筆などを通してやさしく伝えるなど幅広く活躍。国際天文学連合では、惑星定義委員として準惑星という新カテゴリーを誕生させ、冥王星をその座に据えた。主な著書に『賢治と「星」を見る』(NHK出版)、『古代文明と星空の謎』(筑摩書房)、『第二の地球が見つかる日』『最新 惑星入門』(朝日新書)、『面白いほど宇宙がわかる15の言の葉』(小学館101新書)などがある。

STAFF

編集協力	株式会社ナイスク(http://naisg.com)
	松尾里央　高作真紀　安藤沙帆
デザイン	佐々木志帆
マンガ・イラスト	森のくじら　真崎なこ
執筆協力	地蔵重樹
写真提供	NASA、阿南市科学センター、国立天文台、星の手帖社、
	ShutterStock、PIXTA、PhotoAC

参考文献

『学研の図鑑 星・星座』(Gakken)／『学研の図鑑 地球・気象』(Gakken)／『小学館の図鑑NEO〔新版〕宇宙』(小学館)／『こども大図鑑 宇宙』(河出書房新社)／『そうだいすぎて気がとおくなる宇宙の図鑑』(西東社)／『14歳からの天文学』(日本評論社)／『読むだけで人生観が変わる「やべー」宇宙の話』(KADOKAWA)／『宇宙について知っておくべき100のこと』(小学館)／『宇宙の不思議がわかる!』(実業之日本社)／『子供の科学★サイエンスブックス 宇宙の旅 太陽系・銀河系をゆく 宇宙のナゾに挑む近未来物語』(誠文堂新光社)／『これだけは知っておきたい(35) 星と星座の大常識』(ポプラ社)／『大解明!! 宇宙飛行士』(汐文社)／『小学科学クイズ スーパー図解 宇宙のなぞ』(増進堂受験研究社)

おしえてガリレオ先生!
月がなくなったら南極が砂漠になるってホント?

2024年12月15日　初版第1刷発行

監修	渡部潤一
発行者	佐藤 秀
発行所	株式会社 つちや書店
	〒113-0023　東京都文京区向丘1-8-13
	電話 03-3816-2071　FAX 03-3816-2072
	HP http://tsuchiyashoten.co.jp/
	E-mail info@tsuchiyashoten.co.jp
印刷・製本	シナノ書籍印刷株式会社

落丁・乱丁は当社にてお取り替え致します。

©Tsuchiyashoten, 2024 Printed in JAPAN

本書内容の一部あるいはすべてを許可なく複製(コピー)したり、スキャンおよびデジタル化等のデータファイル化することは、著作権上の例外を除いて禁じられています。また、本書を代行業者等の第三者に依頼して電子データ化・電子書籍化することは、たとえ個人や家庭内での利用であっても、一切認められませんのでご留意ください。この本に関するお問い合せは、書名・氏名・連絡先を明記のうえ、上記FAXまたはメールアドレスへお寄せください。なお、電話でのご質問はご遠慮くださいませ。また、ご質問内容につきましては「本書の正誤に関するお問い合わせのみ」とさせていただきます。あらかじめご了承ください。